家居设计宝典系列

HOME DESIGN BIBLE

设计新主张

- 禅意新中式
- 典雅欧式风
- 简约现代风
- 清新地中海
- 纯美简欧风

深圳视界文化传播有限公司 编

中国林业出版社
China Forestry Publishing House

前言 PREFACE

室内设计风格的形成，受当时政治、经济、历史等多重因素的影响，染上了不同时代和地区的烙印和特点。一种典型风格的形成，是地域、自然条件、文化艺术等的综合反映，表现出来的是创作中的造型和特点，反映的是作品的格调和内涵。室内设计风格逐渐发展至今，已形成多样的、具有一定代表性的风格：欧洲文化内涵突出的欧式风格，广采众长不失自己特点的美式风格，走在时代潮流前沿的现代风格、传统与现代有机结合的新中式风格等，“百花齐放，百家争鸣”，呈现出丰富多彩的表现形式。

The formation of interior design style was influenced by the politics, economy and history at that time so that it has characteristics and features of different times and areas. The formation of one typical style is an integrated reflection of region, natural conditions and cultural art, which presents the modeling and features of the creation and manifests the tone and connotation of the projects. The interior design style has been gradually developed and has formed diverse and typical styles, such as the European style which highlights European cultural connotations, the American style which learns widely from other styles and keeps its own features, modern style which stands in the front of the trend and Neo-Chinese style which skillfully combines traditional with modern. “A hundred flowers blossom and a hundred schools of thought contend” presents rich and colorful forms.

目录 CONTENTS

休闲美式风

LEISURE AMERICAN STYLE

舒适 | 自由 | 多元

强调随性生活，恬淡质朴的浪漫，追求一种自在、随意不羁的生活方式，没有太多造作的修饰与约束，不经意中成就了另外一种休闲式的浪漫。

美式乡村风格摒弃了繁琐和奢华，并将不同风格中的优秀元素汇集融合，以舒适机能为导向，强调“回归自然”，使这种风格变得更加轻松、舒适。美式乡村风格突出了生活的舒适和自由，不论是感觉笨重的家具，还是带有岁月沧桑的配饰，都在告诉人们这一点。特别是在墙面色彩选择上，自然、怀旧、散发着浓郁泥土芬芳的色彩是美式乡村风格的典型特征。美式乡村风格的色彩以自然色调为主，绿色、土褐色最为常见；壁纸多为纯纸浆质地；家具颜色多仿旧漆，样式厚重。美式家具中常见的是新古典风格的家具。这种风格家具，设计的重点是强调优雅的雕刻和舒适的设计。在保留了古典家具的色泽和质感的同时，又注意适应现代生活空间。在这些家具上，我们可以看到华丽的枫木滚边，枫木或胡桃木的镶嵌线，纽扣般的手把以及模仿动物形状的家具脚腿造型等。

此外，布艺是乡村风格中非常重要的运用元素，本色的棉麻是主流，布艺的天然感与乡村风格能很好地协调；各种繁复的花卉植物、靓丽的异域风情和鲜活的鸟虫鱼图案很受欢迎，舒适和随意。摇椅、小碎花布、野花盆栽、小麦草、水果、磁盘、铁艺制品等都是乡村风格空间中常用的东西。

美式风格的怀旧、贵气、大气而又不失自在与随意的特征很好地迎合了时下文化资产者对生活方式的需求。

| 户型档案 |

设计公司：东合高端室内设计工作室

设 计 师：王卫东

项目面积：130平方米

项目地点：河北石家庄

主要材料：大理石，木地板，定制木作，复古砖，壁纸，硅藻土等

收藏之家

能持久保持活力的设计和创意，往往不是跨越时代的缔造，而是一些简单的改变使“经典”更适合现代人的家居生活。于是，带着时间的雕琢优雅而至，伴着怀旧的姿态娓娓道来，让把不同质感和形状的家什在怀旧风的渲染下加入对历史和家庭的理解，让设计更符合家庭需求的同时，也更有情感。

“天然，是贵族的设计，大自然是艺术创造的灵感泉源。”本案设计唯自然而语，甄选天然材质，用心打造应景之作，未经雕琢，朴实无华，每个细节都被赋予对自然的礼赞。

纯棉和亚麻的材质是织物中的重头戏，其温和的性情随意流淌在舒适的床品中、柔和的披毯里，还有那随手拿起的靠包上。无论是安静的纯色亦或浪漫的花色，纯棉似乎在哪个时代都不落伍，天然的棉质布艺中氤氲开来的即是人们那份热爱自然的美好心情。

客厅里的白色单人沙发的设计灵感来源于英国早期的“祖父椅”，家具的设计在此造型基础上，完美注入了美式简约风格元素。棉麻的材质，加以优雅的深蓝色纯棉披毯配色，闲适格调中散发出静谧雅致的气息，适中的尺寸使搭配更具灵活性，既可组合搭配装点客厅，亦可单独置于居室一隅，畅享悠闲时光。

简单质朴的工业风吊灯和挂钟，用沧桑的表情诉说着机械和制造带来的时代变迁，强调着手工技艺的价值和立场，这是一种态度。硬朗深邃的工业风金属元素作为复古风的表达方式之一，在与家具以及整体风格的营造上，也起到点睛和烘托的作用。铸铁和磨得发亮的纯铜历经多道工序的精细打磨，自然流畅的整体效果中，凸显出光泽柔和与极富质感的金属本色，渗透出极高的家具品质感。

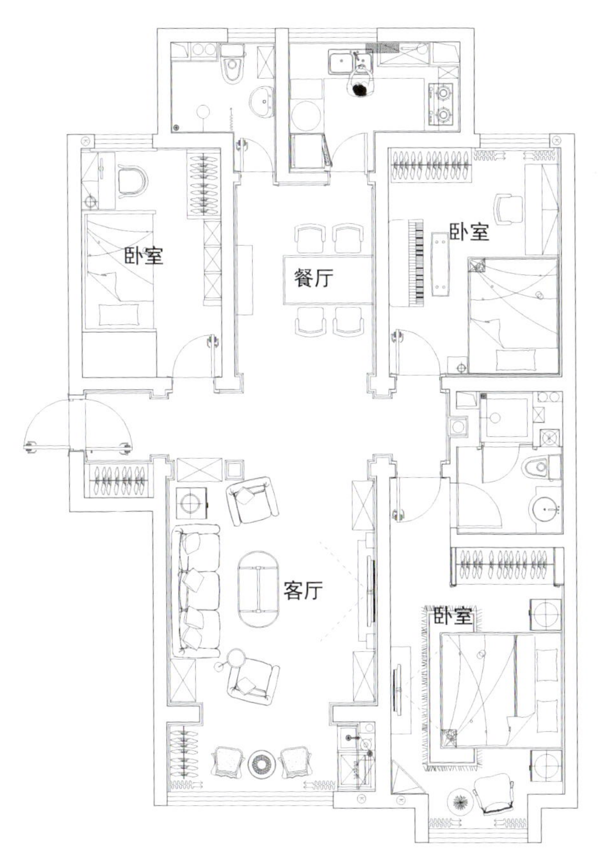

不同颜色斑驳怀旧的相框挂在餐厅的一侧墙面，安静地诉说着时间的记忆。餐桌椅依然保持着旧木和棉麻的质感，古老悠远的姿态中弥漫着优雅的气息，没有万紫千红的陪衬，亦无镶金贴银的装饰，经典传承的外形和素雅的配色，总能与复古元素完美融合，共同营造出舒适、温馨的个性用餐空间。

KEEP
CALM
IS
COMING

过去不代表陈旧和遗忘，那份透过时间的苞蕾所迸发出的浓郁积淀与留恋，更让人无法释怀，凝聚时光，收藏过往，绽放家的极致与美好。

| 户型档案 |

设计公司：唐玛国际空间设计

设 计 师 ：胡建国

项目面积：260平方米

主要材料：实木、瓷砖、布艺等

小步舞曲

这是一套260平方米的平层空间，设计师强调古典韵味的展露，抛弃繁杂无益的点缀，围绕空间精神做必要的跳跃性细节变化，使得整个空间洋溢着优雅低调的美，仿若宫廷舞步的细致与浪漫。

设计师的创作灵感来自乐曲小步舞曲：小步舞曲（Menuet），一种起源于西欧民间的三拍子舞曲，流行于法国宫廷中，因其舞蹈的步子较小而得名。速度中庸，能描绘许多礼仪上的动态，风格典雅。小步舞曲既有巴洛克时期那种古雅的风格，又有鲍凯里尼、莫扎特古典时期富有活力而又保持高度优雅的气质。设计师将小步舞曲的特性融入到空间设计理念中，一物一具，都带上小步舞曲优雅活泼的影子。

设计师合理规划室内空间，最大限度地利用空间，将内包阳台的落地窗连通客厅，增加了客厅的面积，也带来良好的采光。阳台上则摆放上桌椅，变为另一个休闲的小天地。

空间原有的直线条全部修饰成带倒角的弧线，使空间更为柔和。选用浓郁欧式风格为主的家具与配饰，沉淀了空间的氛围，提升了格调。适当融入了美式休闲格调的元素，把一些细节粗犷化，例如不规则的仿古砖、手绘的东方花鸟背景、开放漆的实木面、铜质的灯饰、怀旧的壁布，都成为空间诉说的言语。通过质感的衬托，唤起时尚的气息，轻松且自然。

走道、内包的阳台都设计了柜子，既不影响美观又方便居家生活的收纳。

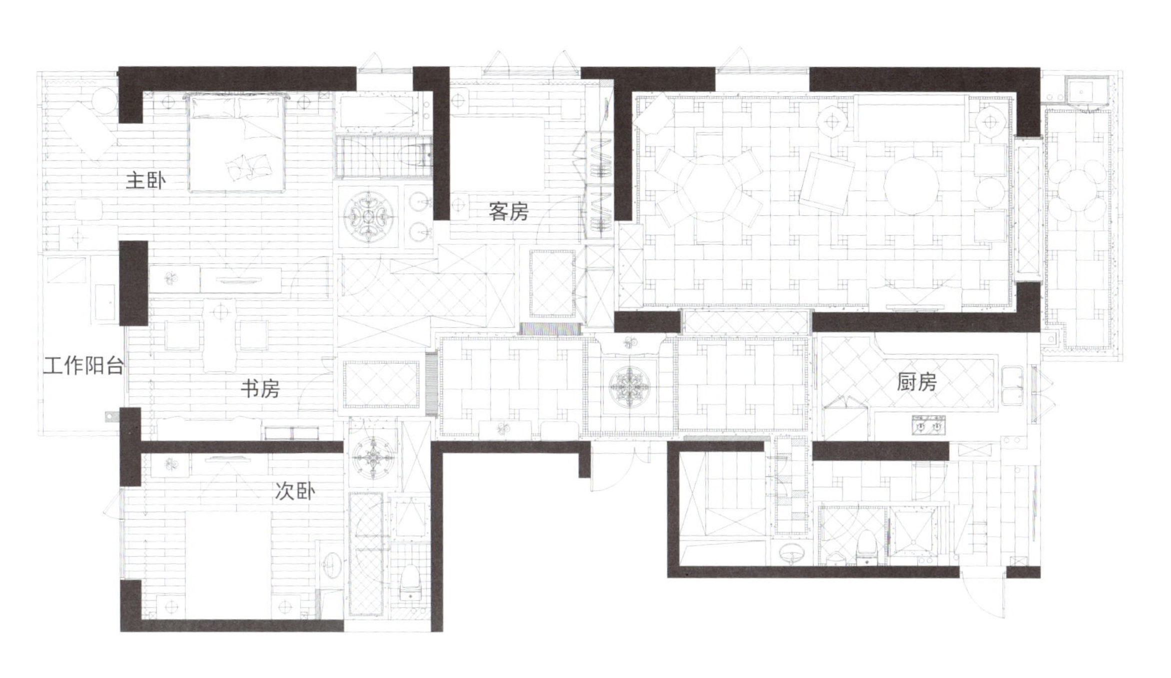
主卧
客房
工作阳台
书房
厨房
次卧

| 户型档案 |

设计公司：嘉兴康盛国际设计

设 计 师 ：刘炽

项目面积：200平方米

项目地点：浙江嘉兴

主要材料：木材、布艺、壁纸等

美丽新世界

此案例为 200 平方米的跃层户型，运用美式元素里的中轴对称，客厅餐厅走道都在轴线中平衡与变化，原来的楼梯去掉后改造成餐厅的位置，原来客厅后面的部分改造出一个采光井，将楼梯改造到这个位置，既增添了实用性，又具有了美观性。二楼的顶部改造出阁楼作为储藏空间，原本具有顶楼层高优势的卧室保持原有的高度做出呼应的单面斜与双面对称斜度的顶面。

美式风格，自由休闲、材料质朴，空间的随意性这些要素比较明显，这跟来自于本身就是移民国家的装修和装饰风格所倡导的主题是结合密切的 。它低调、优雅，具有深的文化根基，贵气加大气而又不失自在与随意。

金色斜纹吊顶、经典铁艺吊灯、充满复古感的摆件，同时搭配简洁的木作茶几，展现出全新的质感和复古气息。

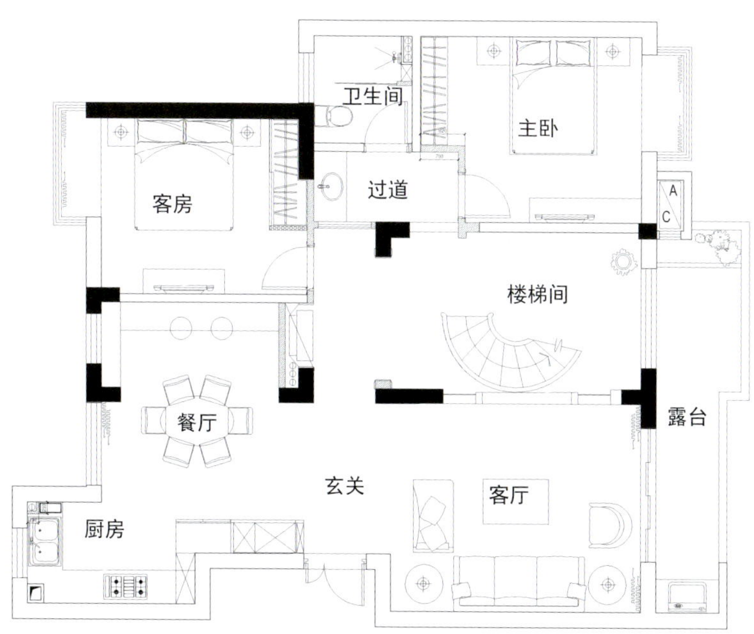
卫生间
主卧
客房
过道
A
C
楼梯间
露台
餐厅
玄关
客厅
厨房

餐厅大量使用原木色调，自然、怀旧气息浓厚。金色圆形吊顶是空间的亮点，虽然简单却格调十足。

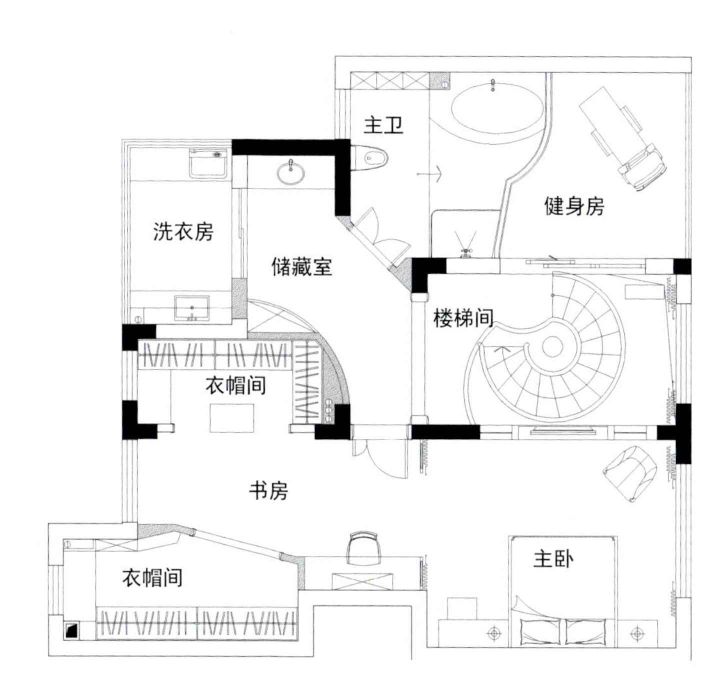
主卫
健身房
洗衣房
储藏室
楼梯间
衣帽间
书房
衣帽间
主卧

相比公共空间浓厚的美式风情，卧室则显得素雅许多。床品用白色为底配以细碎花纹，清新又温馨，米白色窗帘让这里优雅又淡然。

户型档案

设计公司：大品装饰

项目面积：260平方米

项目地点：江苏南京

主要材料：护墙板、石材、墙纸、地板、硬包等

陌上花开

本案以现代的设计理念勾画出高雅大方的空间效果，将简洁与复杂、质朴与华丽紧密融合，相互贯通。整个空间以白色为主色调，搭配板栗色的家具、写实的配饰，打造出简洁而优雅的的生活空间。

根据业主的生活方式和居住人口的比例关系，设计师对原始户型进行了新的规划和定位，无论在空间利用上还是房屋布局上都对其提出了唯美的要求。

在造型面上，以浅色的墙纸搭配白色的木墙裙，米灰色的地砖搭配深色的走边线，软硬结合，深浅相拥。在室内陈设上，设计师精心挑选了与主人身份、性格爱好相吻合的家具及装饰品，古典风的吊扇灯与栗色的餐桌椅、沙发相呼应，恰到好处地营造出一个宁静、高贵、奢华的极致空间。在颜色搭配上，白色简洁干净，栗色优雅含蓄，木色稳重朴素，一起组成整个空间丰富有序的色彩构造。

功能阳台
儿童房
客卫
餐厅
厨房
次卫
儿童房
门厅
主卫
次卫
客厅
衣帽间
次卧
主卧
书房

在这个宽敞又具有历史气息的客厅里，自然气息浓厚的饰物随处可见：墙壁上四幅花卉挂画青翠可人，沙发靠枕花样图案令人赏心悦目，更别说茶几上花香四溢新鲜花卉的浪漫清新，温暖自由的感觉不自觉涌上心头。

RHYTHM

柔和的浅灰、淡青、鹅黄、暖粉装饰了整个空间，时光静静流淌，缱绻温柔。

户型档案

设计公司：成都业之峰装饰工程有限责任公司

设 计 师 ：余颢凌

项目面积：330平方米

项目地点：四川成都

主要材料：木材、仿古地砖、壁纸等

龙湖庭院

本案是一栋 330 平方米的独栋别墅，颇有生活经验和品位的业主，非常清楚自己的需求和喜好，并且和设计师配合，在设计之初先确定了家具的款式色彩及面料，再以此为基础来进行室内设计。整套案例以美式乡村风格为主，所以在选择主材以及家具陈设上面均以能纯粹表达材质质感的标准来执行，让别墅装修风格与内部整体装饰更好地契合在一起，浑然天成。

结合业主的需求以及现有户型的特点，设计师将整套案例的功能化发挥到了极致，地下室单层 100 平方米的空间里，布置了尺度适宜的棋牌室、洗衣房、保姆间、视听室、酒吧、酒窖、储藏间等多用途空间，这也是让业主觉得最为满意的地方。

本案摒弃了别墅装修一贯的繁琐与奢华，以功能上的舒适性为设计导向，强调自然、休闲、自由的居室氛围，精心选择的美式家具配上仿古地砖、各种垭口的设计，弧形的窗户造型大量运用，富有古典韵味的壁纸及窗帘，营造了一种令人向往的舒适空间。别墅整体空间里，仿佛每一处都透着阳光、青草、露珠的自然味道，随手拈来，毫不矫情，呈现出雅致、高品位却不压抑的生活气息！

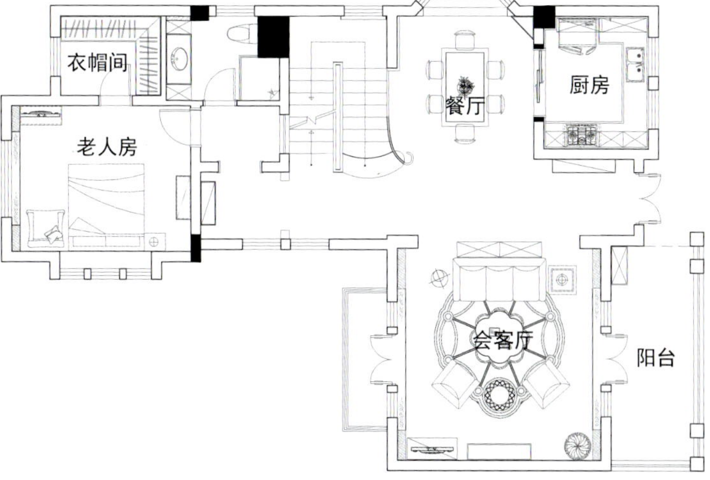
衣帽间
老人房
餐厅
厨房
会客厅
阳台

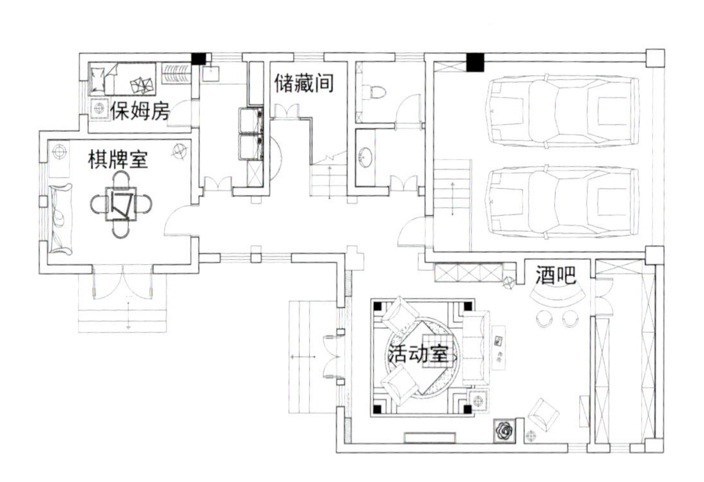
保姆房
储藏间
棋牌室
酒吧
活动室

地下室壁炉的古堡石、酒窖原滋原味的红砖、做旧炭烧木吊顶以及蜡牛皮的做旧沙发，都表达了浓浓的怀旧美式风格。值得一提的是地下室视听间的茶几，那是设计师专门为业主定制的铆钉做旧木箱茶几，上面印有泛黄的世界地图，代表着业主探索生活乐趣的足迹，是一件独一无二的艺术品。

地下室酒窖还原了中世纪味道，上到顶下到底，让人几乎可以感觉到置身在那些木质本该出现的年代。酒窖被分为两个部分，一部分储藏白酒，一部分储藏红酒。红砖砌成的拱形酒柜也是出于和整体风格的和谐，而马灯的设计，就更显质朴的感觉。

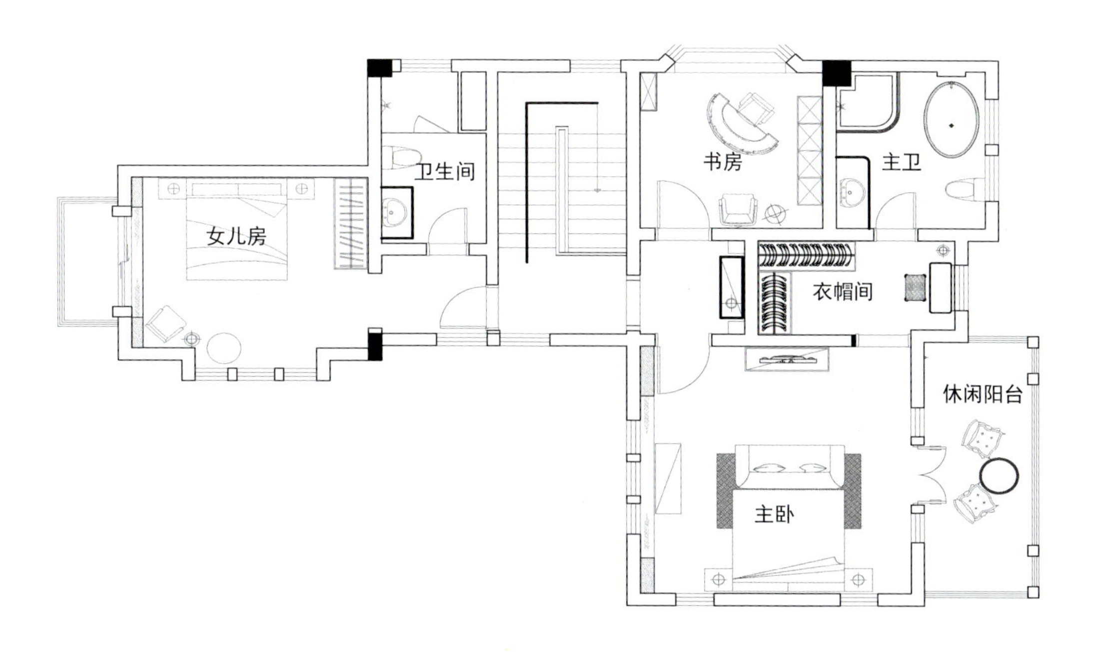
卫生间
书房
主卫
女儿房
衣帽间
休闲阳台
主卧

| 户型档案 |

设计公司：冯振勇国际创意设计事务所

设 计 师 ：冯振勇

项目地点：江苏南京

主要材料：大理石、玻璃、布艺等

简而不凡的舒适之家

设计师在原有空间布局的基础上，进行大面积改造，把原户型的四室两厅两卫，结合业主生活需求，改造为一个大套间和两个次卧室。业主希望家里以舒适为主，不要过分强调风格。故选舒适性、包容性极强的美式，风格定位为美式简约。

简约、沉稳是本案的设计核心理念，美式简约风格不需要太多的花样和繁杂的色彩，多用大面积的纯色块来表达淳朴简约的精神内核，强调的是贴近心灵深处情感回归。摈弃繁复和奢华，去掉堆砌颜色和摆设，追求简而不凡的空间效果，透露出的是无与伦比的自在感和情调，构成了具有新流行文化意味的生活方式。

本案无论在空间布局、色彩运用、软装陈设选择上，处处遵循简而不凡的美式简约风格。业主快节奏的忙碌之后，回到只属于自己的一方天地，在这里，时间也放慢，呼吸也变轻松，心灵也沉淀下来，享受静谧的休闲时光。

由于业主楼层低，采光不好，采用浅色墙纸及镜面效果改善采光的不足。客厅作为待客区域，追求简洁明快，较其他空间来说更明亮光鲜。所以以白色为主色调，间有卡其色及灰色点缀。客厅设计简约大气，线条洗练，浅色系墙面、天花、沙发与深色灯具、地毯相得益彰，赋予空间简洁之美。

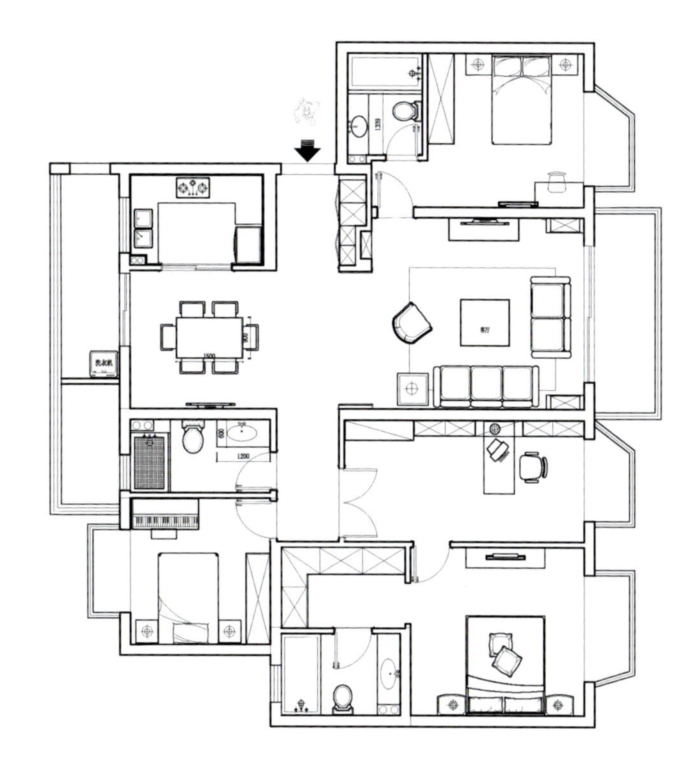

顺着走道看过去，一幅大大的墙绘，花叶芬芳，鸟儿轻唱，意寓夫妻琴瑟和鸣，相依相伴。

青色搭配紫色，幽静且华贵，优雅是种骨子里出来的东西。

设计师把穿衣镜安放在主卫通向卧室的走道上，更衣梳妆区与卧室分开来，营造一个既干净又安静的休息环境。

| 户型档案 |

设计公司：国广一叶

设 计 师：张武

项目面积：200平方米

项目地点：福建福州

主要材料：意大利大理石、美国木线条,橡木地板、装饰墙纸、PU线条等

尊贵休闲空间

本案设计以美式风格为指导理念，空间格调既能体现美式别具一格休闲与自由的气质，又能一览欧洲文化影响下的风貌遗韵。设计师在本案中注意墙面的处理，无论是线条的勾勒，还是色彩的运用和装饰上，都匠心独运。无论是素净的餐厅，还是古朴而舒适的卧房，总能格调一致，和谐统一。本案没有过多的华丽装饰，流畅而优美的线条感和家具配置本身便给人一种家的韵味和美感。在这里，自由式休闲和古典式端庄冶于一炉，营造出宁静、质朴而优雅的气氛。

这样的房子是周末家人放松、朋友聚会的地方，因此功能上相对常住的住宅更注重动静结合的休闲娱乐功能。本案设计师就让大家看到了一个动静区分明确的空间。

本案设计风格上秉承古典美术对称及端点对中的原则，体现成功人士休闲生活的优雅及尊贵。整套房子划分为两个部分。动与静区分，外部为客厅、餐厅及玄关区，采用开放式厨房设计，在玄关与餐厅中间用隐藏式推拉门划分，客厅在有限的空间中，着重体现乡村感，设计师运用大面积的美国橡木地板来体现这种独特的乡村氛围。内部主要是卧室区，巧妙运用壁纸的装饰及色彩来体现不同年龄段的两代人，并且合理地运用室内的“飘窗”，最大程度地体现卧室的尊贵感。

银色包围金色的叠形吊顶，丰富空间上方层次。实木地板带来温暖视觉，铺陈出温暖质朴氛围。

4x6

| 户型档案 |

设计公司：南京SKH室内设计工作室

设 计 师：沈烤华、崔巍、潘虹

项目面积：380平方米

项目地点：江苏南京

主要材料：实木、墙纸、布艺、大理石等

金粉世家

本案坐落于风景优美的江宁区方山脚下，是总面积 380 平方米的联排别墅。

设计师把古典制作工艺与自然要素相结合，在架构了整体美感和格调的同时，也将低调奢华剪切进美式休闲生活意境里，创造出一种轻奢华重质感的空间。

设计师还把看似对立的元素放置在一起，如客厅中奢华质感的沙发、抱枕与墙上风景画的对比，矛盾却融合，在质感及感受的对比反差中，达到和谐饱满的美学效果。在水晶吊灯的闪耀下，开阔的空间中有流动的光影在跳动，带出美的生活概念。

空间还巧妙利用了自然元素，带来直观的视觉体验，在材质和色彩的变化中，赋予每个空间独特的美感。

设计手法不是一成不变的，是为整个空间服务。

晶莹的吊灯散发着耀眼且高贵的光芒，与客厅中央的水晶吊灯相映成趣。圆形吊顶有种天圆地方的大气格调，与下方的圆形餐桌相互呼应，一上一下，空间不再单调。

以实木材质铺就，稳重大方气质立显。铜质台灯和花边真皮座椅，凸显书房质感，为现代书房增加古典气息。

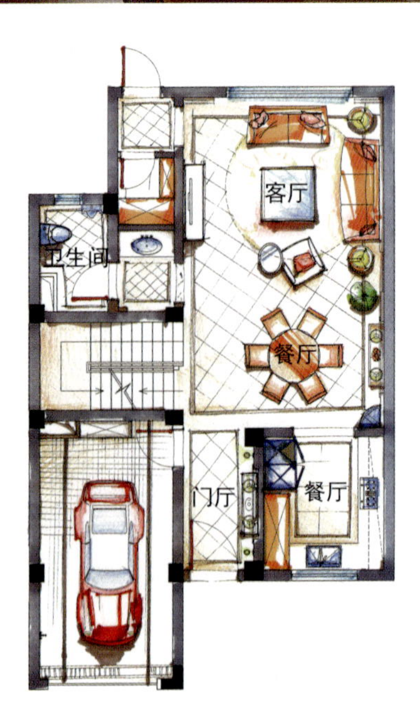

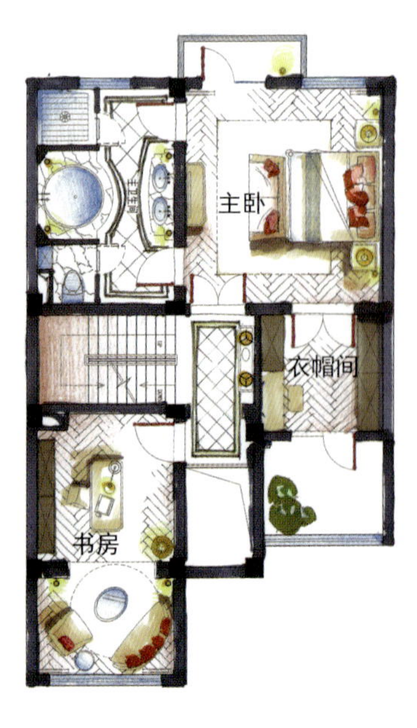

家庭俱乐部集休闲与待客为一身，既可聚集三五好友在这悠闲品尝经年红酒，也可畅谈消磨时光。

一抹柔软洁白，于灰色冰冷中增加温暖。台面盆栽花卉，更添几分雅致。

卧室色彩与客厅保持同一色系，稳重中透出奢华。没有艳丽的颜色，没有多余的装饰，强调的是工艺的质感和格调。

跳跃的橙活泼整个空间的同时带来明亮温暖的视觉感受，丝质面料带来的舒适触感显露无疑。

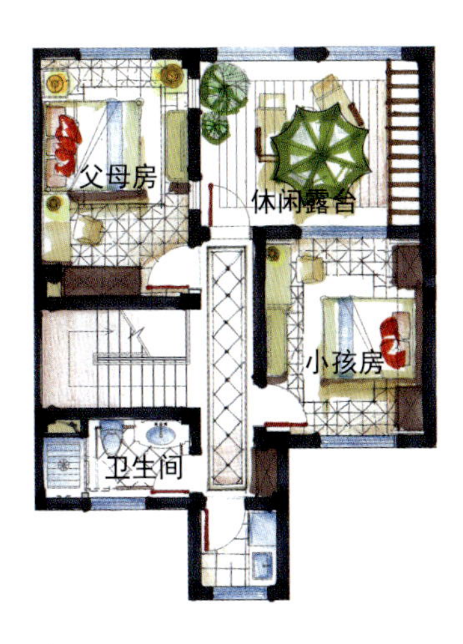
父母房
休闲露台
小孩房
卫生间

休闲区
吧台区
影音室
客卧

| 户型档案 |

设计公司：壹陈空间设计

设 计 师 ：陈峰、刘宏

项目面积：300平方米

项目地点：山东莱州

主要材料：西班牙米黄大理石、黑白根大理石、大理石马赛克拼花、米黄洞石大理石、仿古砖、马赛克拼花、芬兰木、实木复合地板、软包、壁紙等

珠联璧合

本案例为美式混搭风格，美式混搭风格就如同美国人包容又独立的精神一般，讲究的是如何体现出对生活浪漫、时尚、自由的追求，又体现个人的独特风格，通过在设计中摸索出独一无二的美学空间。混搭不是多种风格元素的简单组合，而是有序地为整个空间基调服务。其所传达出的不只是一种风格，而是一种生活态度。没有太多造作的修饰与约束，讲究的是在不经意间体现另外一种休闲式的浪漫与时尚。

在本案中，中式青花瓷的挂画、刺绣的抱枕和花鸟图案的配饰洋溢着浓浓的中式风，另外璀璨华丽的水晶吊灯、流苏缎面的窗帘复古典雅，其间交错穿插混搭的感觉创造了一种视觉冲击的美感。“混搭”不是百搭，表面上看去各种风格并存在同一空间中，杂乱的风格满目视界，但是唯有做到具备古典的唯美主义，又独具现代的知性美感，甚至环绕着特有的文化氛围，充分地契合了“形散而神不散”的中心思想。

整体主色调为米黄、白，辅以少量黑色，同一色系不同色阶通过阴影营造立体感，光影打造丰富层次，只在局部使用少量的鲜艳颜色活跃整体气氛。

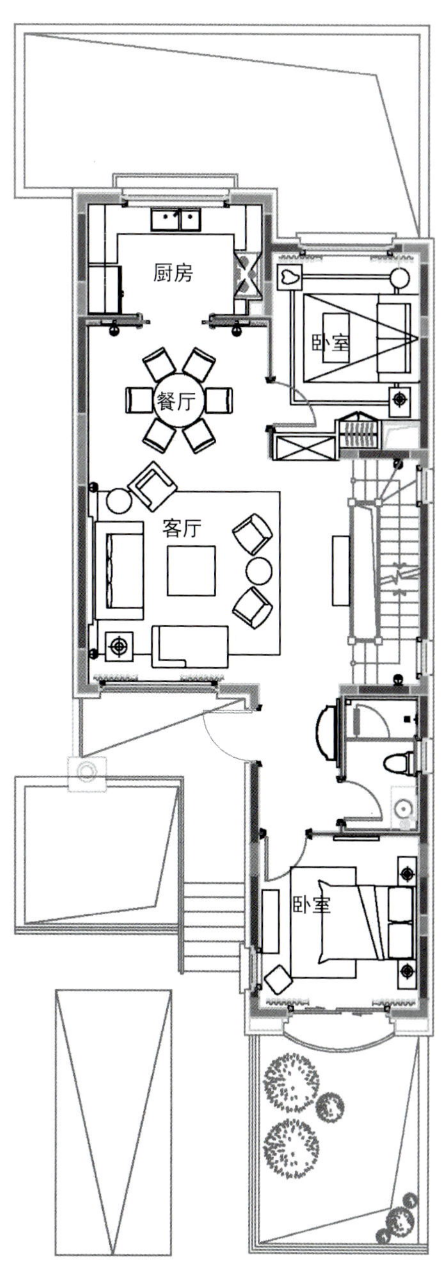

客厅造型严谨工整，线条横平竖直。轻浅的色彩，起伏的光影，投射在异国情调的地毯上和美式沙发上，加上室外光线的流泻，水晶吊灯的映衬，跳动的光影层次中，质感优雅。浓郁的紫罗兰色绒布沙发，温馨典雅。其中大量使用的纯净色彩与质感极强的材料让居室品味得到大大的提升。

BLACK
RED
1st12
RDW
2nd12
RDW
3rd12
RDW

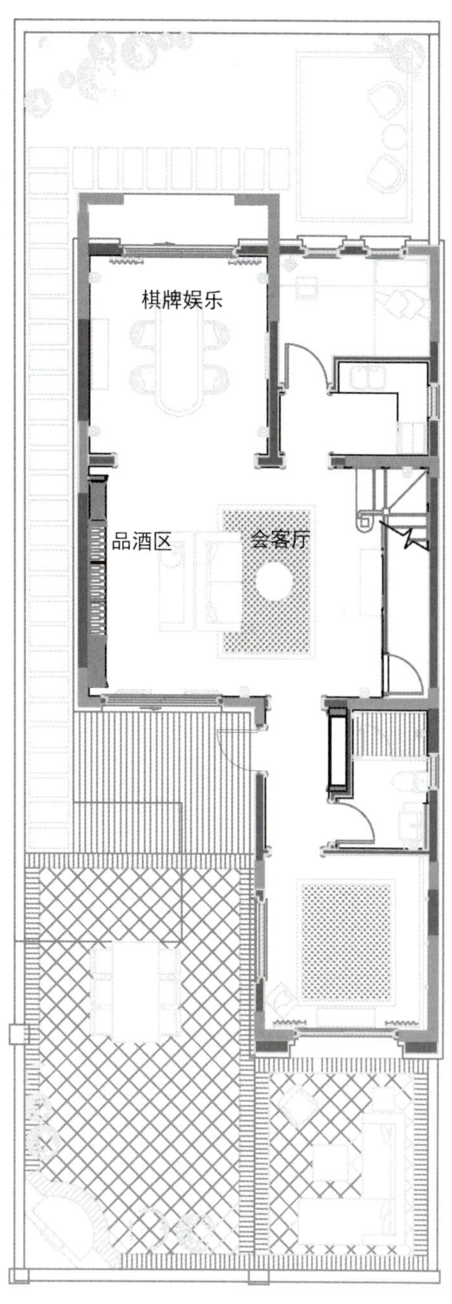

印花地毯奠定空间定性，与黑白两色沙发相呼应，共同营造出浪漫慵懒氛围。紫色花卉是客厅紫罗兰绒布沙发的“延续”，绽放优雅迷人气息。

卧室色调以柔和、淡雅的米色和白色为主，在室外阳光的辐射下，整个空间显得既明亮又开阔。中间点缀优雅的孔雀蓝，婉转透出女性的柔美。

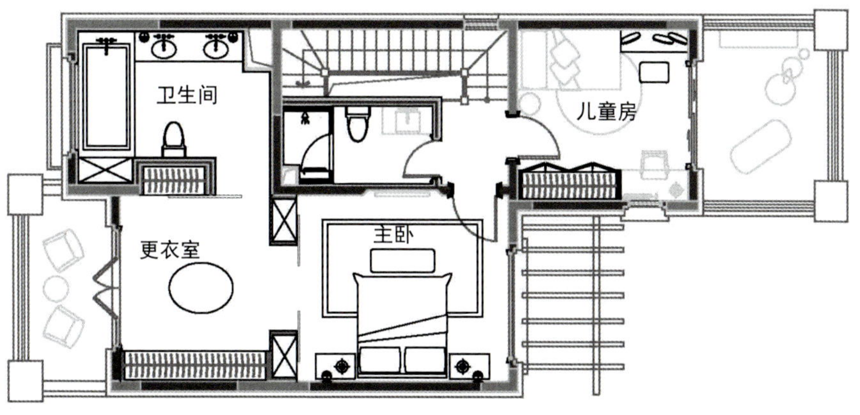
卫生间
儿童房
主卧
更衣室

| 户型档案 |

设计公司：鸿鹄设计

设 计 师 ：晁磊、刘云剑

软装设计师：徐姗姗、臧俞

明丽照晴雪

大方典雅是设计师追求的空间效果，设计师摒弃了巴洛克和洛可可风格所追求的新奇和浮华，建立在一种对美的新的认识上，强调简洁、明晰的线条和优雅、得体有度的装饰，色彩更加丰富、更加年轻化。在家具的细节处理上，注重材质和纹理的选择，值得细细品味。没有极端奢华和繁复设计，一样呈现出一种优雅和高贵。它的这种推崇是一种基于在情景的考虑下，力求在环境上营造一种诗意，从而在气质上给人以最强烈的感染，这种经过岁月和时光打磨的文化传承往往能让人深深地陶醉其中。

纯西式开放厨房，原户型采光比较好，将餐厅和厨房打通，使整个餐厅的采光延伸进厨房，再加上正餐区域挑空的房型设计，使整个西派餐厨区的视觉效果一气呵成。为了更贴近业主的用餐习惯，设计上增加了便餐区的考虑。

主卧大套间：书房 + 健身房 + 卧室 + 衣帽间 + 卫浴间 + 观景阳台的设置，让工作一天后的屋主得到更好的放松，通过独立健身房调整自己的状态，观夜景、品红酒，享受属于自己的业余生活！无论是功能布局还是软装布置，都将生活和品质巧妙地融合起来，创造轻语低喃的亲密氛围。

屋主希望保持西化的生活方式，整个空间里面仅一张床，回到卧室后就是为了躺在床上得到一个舒适的休息时间。所有的衣物都安排了专门的空间储藏，书房、独立卫生间的设计，非常方便使用。

EARTH
NATURE
CREATURES

| 户型档案 |

设计公司：南京SKH室内设计工作室

设 计 师 ：沈烤华

项目面积：240平方米

项目地点：江苏南京

主要材料：皮质、木材、铁艺等

老房有喜

设计师重新布局室内规划，将美式休闲理念诠释得淋漓尽致。设计师从室内设计的细节处着手，注重美式典型元素的运用，如舒适大方的皮质沙发、经典铁艺造型灯具、各色地毯等方面，循序转化为居室内的空间符号，以原木色及白色系为主，连贯空间线条与立面色彩，共同缔造空间的协调感和流畅感。

浓浓的美式风情从客厅开始便一览无余：客厅中棕色的皮质沙发，深沉大气，椅背的倾斜设计，让人感觉躺上去就会很舒服；餐厅中自然花鸟元素的组合则营造出轻松愉快的用餐氛围；卧室更是休养生息的好场所，松软舒适的大床、质感上佳的床品等都为屋主带来至高享受。

"曾几何时，繁华喧嚣的城市，失落了老宅的自然意趣。然而，诗意栖居的愿望，从容不迫的心境，始终是你我不变的初衷。"

餐厅设计中，带有喜鹊的装饰瓶，餐桌上的花簇，角柜旁边的绿萝，整个空间鸟语花香，犹如置身在大自然中，让人用餐心情舒适愉快。

二楼的休闲区布置得十分雅致，卧室里“小书房”的设计特点尤为突出：蓝灰交映的窗帘、白色书柜、木制书桌，非常有上世纪的风味。

| 户型档案 |

设计公司：由伟壮设计

设 计 师 ：由伟壮

项目面积：140平方米

项目地点：江苏南通

主要材料：做旧护墙板、墙纸、有色涂料、仿古砖、文化石、大理石、马赛克等

清新美宅

本案例风格为纯正的美式乡村风，它注重居家生活的舒适和自在，追求宁静闲适的氛围。家具通常简洁爽朗、线条简单、体积粗犷，其选材也十分广泛：实木、印花布、手工纺织的尼料、麻织物以及自然裁切的石材……风格突出、格调清婉惬意，外观雅致休闲，色彩多以淡雅的板岩色和古董白居多，随意涂鸦的花卉图案为主流特色，线条随意但注重干净干练。美式乡村风格的色彩以自然色调为主，绿色、土褐色最为常见。布艺是乡村风格中非常重要的运用元素，本色的棉麻是主流，布艺的天然感与乡村风格能很好地协调；各种繁复的花卉植物、靓丽的异域风情和鲜活的鸟虫鱼图案很受欢迎，舒适和随意。

美式乡村风格摒弃了繁琐和奢华，将不同风格中的特点汇集融合，以舒适机能为目的，强调“回归自然”，使这种风格变得更加轻松、舒适。特别是在墙面色彩选择上，自然、怀旧、散发着浓郁泥土芬芳的色彩是美式乡村风格的典型特征。

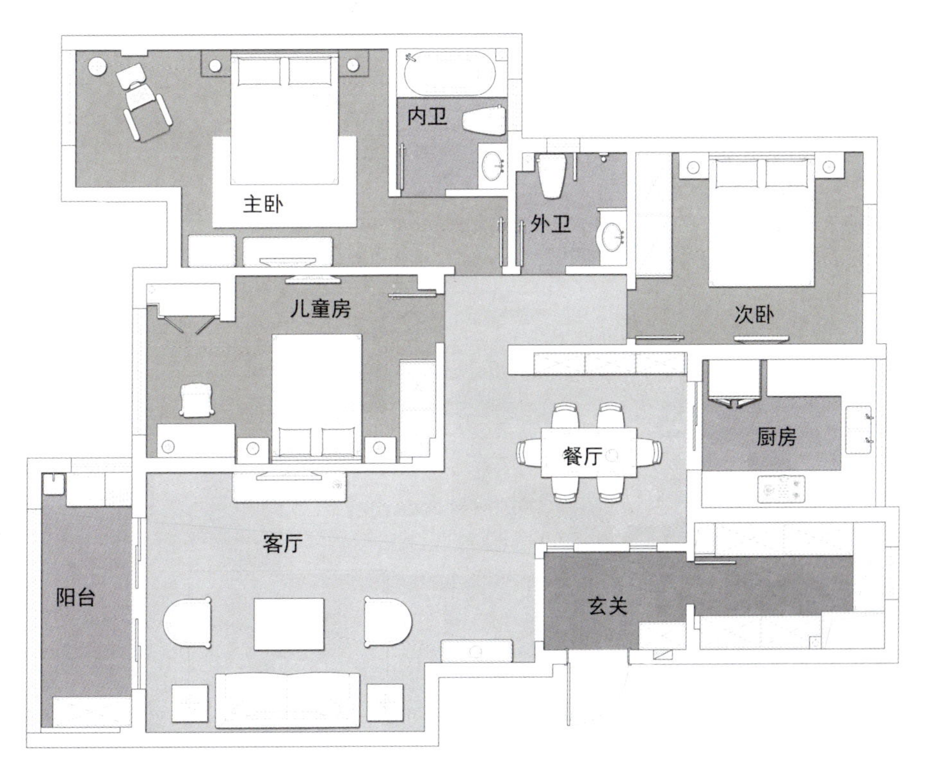
内卫
主卧
外卫
儿童房
次卧
厨房
餐厅
客厅
阳台
玄关

青色背景墙颜色如轻柔的微风带来自然的清新气息。仿古地砖厚实温暖，展现出醇厚的美式风情。

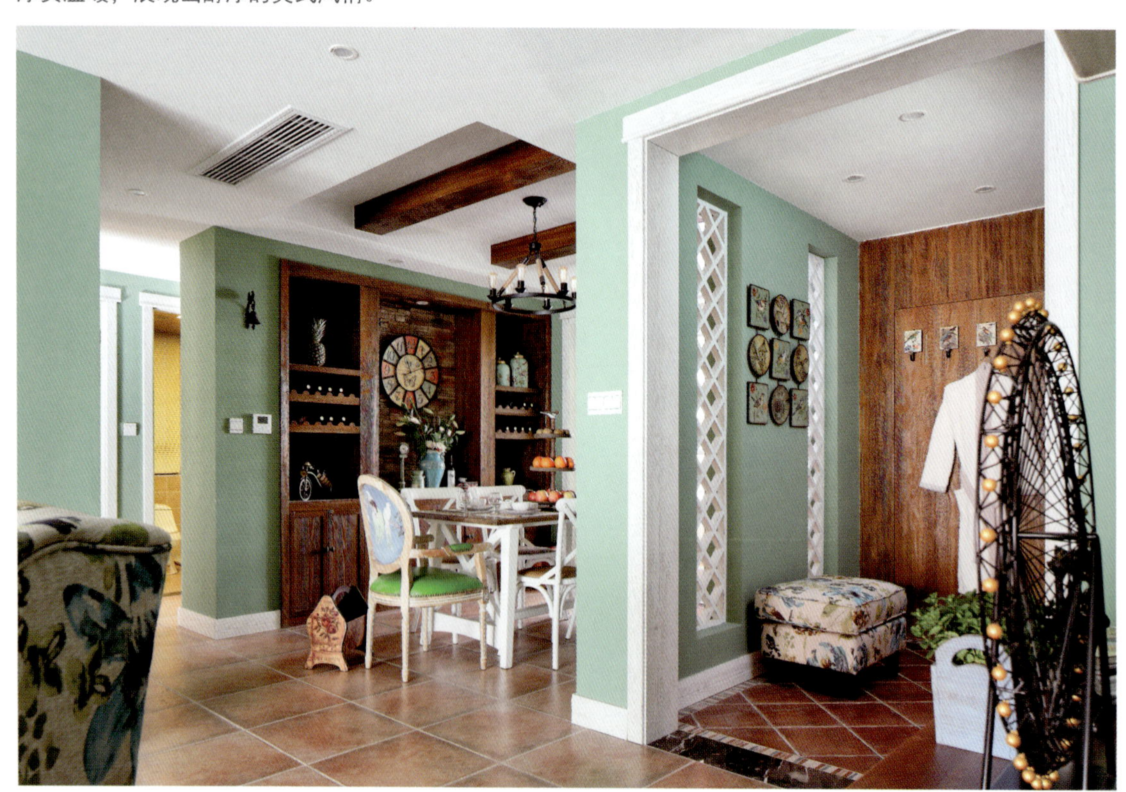

DESIGN

原木材质的餐桌非常有古典味道，铁艺灯和天花木梁是美式乡村风格的标志，精心挑选的各色陶器罐品，营造出优雅精致情调。

FRIENDS WELCOME
(RELATIVES BY APPOINTMENT)

home sweet home

淡青色花鸟壁纸让人觉得淡雅温馨，属于同一色系的深青和淡绿点缀在其中，色彩丰富有层次，在光影中传递出美好的视觉体验。

DESIGN

Welcome

| 户型档案 |

设计师：庄光科、杨笑

家的味道

这是一套很受欢迎现代美式风格的住宅，设计师把现代美式的设计完全做成开放式的管理，没有复杂的设计语言或条条框框，也让业主充分参与进来，表达自己的意见，哪怕一个摆件、一幅画的摆放。设计师与业主共同推敲了室内的各种细节，同时也感受到了这真真切切的成就感，这才是家居设计的意思，这才是每一个业主切实想要的家的味道！

进门右手有一块很小的拐角，设计师扩大了这个拐角，最后将其设计成一个进入式的小鞋帽柜，这种处理有两个优点，第一，避免了鞋柜太靠近餐厅，而且扩出来的部分又间接在窗下形成了一个餐边柜；第二，以后进门所有的衣帽什么的都可以收纳在里面，外面不会凌乱。

整个公共空间的处理手法很简洁，设计师直接设计了一条白色的腰线贯穿整个敞开的公共区域，然后上下用同一色系不同明暗的颜色做了分色处理。白色实木腰线和所有的木饰面的部分都是木工师傅和油漆师傅现场制作完成。客厅和餐厅之间的置物架是定制的。各种软装搭配体现了设计师的匠心精神。

厨房是敞开式的，业主想拥有敞开式的大厨房、双开门大冰箱，又想操作台面够多。敞开的操作台，设计师将其分色，对着餐厅的是纯白色的门板，而对着厨房内侧的门板则是和其他的橱柜一个整体，用的是米白色的门板。墙上的挂钟是业主自己挑的，与众不同，让人眼前一亮。

缤纷多彩的儿童房，窗帘、挂画、墙纸、床品都充满梦幻色彩，符合儿童天真浪漫的性情和丰富想象力的特点。

| 户型档案 |

摄影师：逆风笑

休闲逸致

美式风格代表了一种自在、随意不羁的生活方式，没有太多造作的修饰与约束，不经意中成就了另外一种休闲式的浪漫。本案中使用的元素正好迎合了时下追求情调的年轻人对生活方式的需求，即：有文化感、有贵气感，还不缺乏自在感与情调。设计师亦旨在为屋主营造一个有文化气息、休闲、温馨的家庭环境。

回归自然的理念日益为更多人所接受，美式风格的恬淡与清新受到越来越多人的青睐。舒缓的线条、明快的色彩让家的感觉更温暖柔和。浪漫与庄重，在下面这个空间里和谐交响。庄重与儒雅，是含蓄的中国人永远欣赏的颜色。复古款式的布艺、装饰油画、块毯、灯具从旁映衬，即使岁月流转变迁，这里依然会凝结着精心布置的痕迹。

一款简约乡村风格的美式餐桌，看起来有些粗犷，是用质感厚重的实木通过美式做旧的工艺制成的，餐椅加上淡雅的布艺，搭配出一种清新、自然的感觉。

| 户型档案 |

设计公司：东合高端室内设计

项目面积：105平方米

项目地点：河北石家庄

童话森林

本案设计在美式经典线条的骨架中，以灰色搭配黑色，从整体到局部更像是一种多元化的思考方式，将古典的浪漫情怀与现代人对生活的需求相结合，兼具华贵典雅与时尚现代，呈现出中西交融的华贵与浪漫。

设计师将美式家具的特点落实到每一个细节之中，摒弃描金绘银的奢华，不浮夸，不炫耀，实木色彩与自然清新的绿色相间使用的色彩搭配，让整个空间摆脱了小面积的束缚，给人更加宽广的视觉效果。

天然，是贵族的设计，大自然是艺术创造的灵感泉源。设计师精心挑选天然材质，用心打造应景之作，未经雕琢，朴实无华，每个细节都被赋予对自然的礼赞。随处可见的绿植、视野辽阔的自然景观挂画，尽显屋主闲云野鹤的闲情逸致。各个空间中地毯、墙纸多选用淡雅的素色，大面积的开窗设计，都满足屋主亲近大自然的心境。

| 户型档案 |

设计公司：昶卓设计

项目面积：150平方米

比邻而居

美式乡村风格150平方米复式楼装修实景作品案例是位于托乐嘉的跃层户型，业主超级喜欢美式乡村风格装修设计。业主和设计师是在一个小区里居住着的邻居，一个是喜欢美式乡村风格的设计的业主，一个在自己的爱车上贴着公司的企业LOGO的设计师，因为同样而相遇而信任。整个实景有典型美式乡村风格的安静、自然的生活状态，让人忍不住想要一探究竟。耐人回味的家居布置犹如穿衣般的色彩搭配，让这个美式乡村风格装修设计的家散发出质朴而安逸的气息。

换个角度，看到这美式风格设计的铁艺曲线，精益求精的细节处理，给客厅增添了惬意和浪漫，达到了刚柔兼济的效果。家，不管地方大小，其实就是一个能让我们时刻感觉到休闲舒畅的避风港，舒适、自然。美式风格的闲适，原本会觉得一楼的采光不是特别好，但经过合理的改造后，空间的采光与通透性得到了很大的改善。自然随意是美式乡村风格的精髓，这样一个角落，经过了设计师的仔细考量。

图书在版编目（C I P）数据

设计新主张．休闲美式风 / 深圳视界文化传播有限公司编．-- 北京 : 中国林业出版社，2017.5
ISBN 978-7-5038-8939-4

Ⅰ．①设… Ⅱ．①深… Ⅲ．①住宅－室内装饰设计－图集 Ⅳ．①TU241-64

中国版本图书馆 CIP 数据核字（2017）第 077129 号

编委会成员名单
策划制作：深圳视界文化传播有限公司（www.dvip-sz.com）
总 策 划：万绍东
责任编辑：杨珍琼
装帧设计：黄爱莹
联系电话：0755-82834960

中国林业出版社 • 建筑分社
策　　划：纪 亮
责任编辑：纪 亮 王思源

出版：中国林业出版社
（100009 北京西城区德内大街刘海胡同 7 号）
http://lycb.forestry.gov.cn/
电话：（010）8314 3518
发行：中国林业出版社
印刷：北京利丰雅高长城印刷有限公司
版次：2017 年 7 月第 1 版
印次：2017 年 7 月第 1 次
开本：170mm×240mm，1/16
印张：10
字数：150 千字
定价：68.00 元

一盏壁灯，一幅壁画，一盆绿植，美式乡村风格，生活的品味从每一个细节散发，散发出主人对生活的追求与热爱。

在餐厅里，精心选择的美式乡村风格餐桌椅与顶面的木质顶面非常协调。而客厅电视背景墙在餐厅的角度看过去，自然形成了餐厅背景，同时还非常通透，是设计中的借景手法，而典型的美式风格的餐桌椅也特别应景。透过隔断看客厅，温馨舒适。扶级而上，就到了二楼的私密空间，灯光的特别处理营造了非常有层次的意境。